了不起的中國人

給孩子的中華文明百科

— 從採摘植物到建屋製藥 —

狐狸家　著

新雅文化事業有限公司
www.sunya.com.hk

目錄

樹木的饋贈：四季果實

草木養育了我們的祖先。春去秋來，植物紛紛結出果實，成為祖先重要的食物來源。森林中，可以找到各種各樣的堅果來填飽肚子，比如橡子、胡桃。此外，還有酸棗、楊梅等味道豐富的水果。為了把這些食物「打包」帶回家，人們把樹幹挖空，做成了「橇」（粵音囂）──嘿喲嘿喲，有人推，有人拉，滿載而歸。

橡樹
又叫櫟（粵音櫟）樹，結出的果子成熟後可以食用，是先民們經常採集的食物。

採集回來的果實會被小心地放進住處的窖藏坑裏，堆得滿滿當當的。雖然那時很多植物還沒有經過馴化，果實的滋味比較酸澀，但因為富含人類需要的能量，這些果實給祖先的生存繁衍帶來了希望。依靠這些來自大自然的禮物，祖先們安然度過一季又一季，中華文明也慢慢在大地上扎根。

橡子
又叫櫟子，外表堅硬，內仁像花生米。秋冬季節，橡子就會成熟。

胡桃
俗稱核桃，核桃仁可以生食，營養價值很高。

栗子
栗樹的果實，像一個長滿刺的小球，裏面包着兩三個堅果。

李子
野生李子大多味道酸澀，是祖先們常採集的水果之一。

橇
橇是一截挖空的樹幹，運東西時前面的人用力拉、後面的人向前推。後來人們發現，在橇下面放上圓滾滾的小樹幹，拉起來會更省力。

酸棗
向陽的山坡上長滿了酸棗樹，紅紅的小棗兒酸酸甜甜的，很好吃。

楊梅
早在約七千年前，祖先們就開始採集野生楊梅食用。

葡萄
栽種葡萄品種在西漢時由西域傳入中國。

了不起的原始房屋

繁茂的樹木不僅能為祖先提供豐富的食物，還可以提供修建房子所需的材料。很久以前，長江邊出現了用竹子、木材和乾草建造的「干欄式建築」，人住在上層，下層用來圈養家畜。在黃河邊則出現了用木柱支撐，用黃土夾草筋、樹枝和樹葉築牆的「半地穴式建築」。

紮乾草
將乾草捆紮在一起，用來蓋住屋頂。

打樁
將木頭打進泥土裏，以搭建房屋。

干欄式建築
以竹、木為建築材料，主要是兩層建築。這樣的房屋是為了適應南方地區濕熱、多蟲的環境。

原始榫卯（粵音筍牡）
為了使木料與木料相接，祖先們用榫卯把木料拼插在一起，建成了長長的欄桿與長屋。木料凸出的部分叫榫，凹進去的部分叫卯。

為什麼祖先會使用木材建造房子呢？一方面，當時森林廣闊，高大的林木遍布華夏大地。另一方面，乾燥的木材重量較輕、材質較軟，搬運和加工都很方便。木材還有天然的花紋，帶有獨特的清香，比起硬邦邦、冷冰冰的石頭，更容易讓人親近。因此，遙遠的上古時代，祖先們用一雙慧眼選擇了木材作為主要的建築材料。

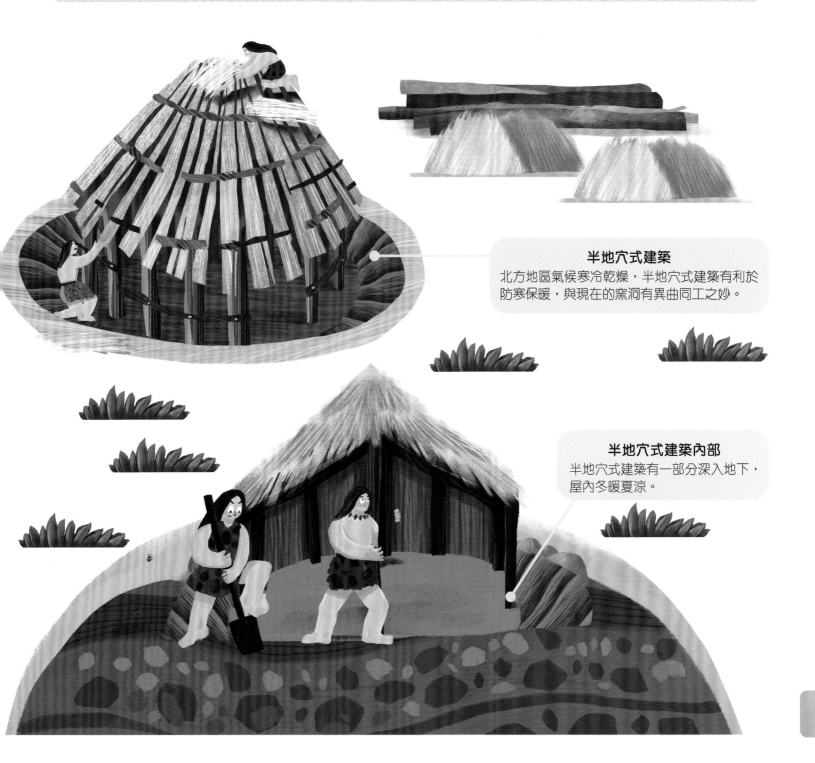

半地穴式建築
北方地區氣候寒冷乾燥，半地穴式建築有利於防寒保暖，與現在的窯洞有異曲同工之妙。

半地穴式建築內部
半地穴式建築有一部分深入地下，屋內冬暖夏涼。

了不起的早期農具

在狩獵和採集種子的過程中，祖先們逐漸掌握了植物的生長規律，學會了農業種植，歷史開始進入農耕文明時代。隨着農業不斷發展，各種農具應運而生。耒（粵音自）就是祖先們使用的古老農具之一，它的模樣很像我們今天使用的鐵鍬（粵音超）。

耒的發明
據說上古先民看到野豬用鼻子拱地，受此啟示發明了耒。

木質鋸器
原始時期，祖先們將木頭刻出許多小齒，當作鋸子使用。

木斧柄
祖先們把石頭磨製成斧頭，用木頭製作斧柄。

木耒
耒是一種翻土工具，早期有木耒、骨耒、石耒等。

有了耜之後，對付堅硬的土地就比較容易啦，硬土被輕鬆地翻起，變得鬆軟，更適宜播種。祖先們開始大面積耕作，並將一些野生植物馴化為農作物。後來，祖先們又用木頭造出更多的農具，比如可以碎土的木耖（粵音鈔）等。有了這些木製農具的幫助，祖先們的種植水平不斷提高，食物變得更加充足。

木耖
木耖有很多尖銳的長齒，用牛拉着，可以碎掉大的土塊，讓土地更平整。

木臼（粵音舅）
臼是舂米的工具。人們把木樁中間鑿空做成木臼，配合木杵砸去稻穀的外殼。

木耙
木耙的木齒沒有那麼尖銳，還裝有一根光滑細長的木柄。人們用木耙平整土地，還用它來翻曬糧食。

與木有關的中國智慧

上樑不正下樑歪

　　過去中國人居住的房屋大多是木製結構，無論是華麗雄偉，還是簡潔樸素，都是由柱、棟、樑等部分組成。其中，樑是架在牆上或柱子上支撐房頂的橫木。最頂端的上樑承載着房屋的重量，下樑根據上樑的方向和形狀放置，上樑如果放得不端正，下樑就會跟着歪斜。所以，人們常以「上樑不正下樑歪」形容如果起領導作用的人行為不正，下面的人也會跟着做壞事。

木已成舟

　　中國河網縱橫，水上的航行離不開大船小舟，而舟船的製造又離不開木頭。將木頭做成船需要付出艱辛的勞動，一旦做成之後，就再也無法恢復木頭原來的形狀了。中國人常用「木已成舟」形容事情已成定局，無法更改。

汗牛充棟

　　書籍承擔着傳播文化知識的重任。中國古代的書籍一開始是竹簡做的，紙張得到廣泛應用後出現了紙質書籍。古代很多讀書人都喜歡藏書，有些人的藏書多到運輸時牛累得出汗，存放時可堆至屋頂。因此，人們常用「汗牛充棟」來形容藏書非常多。

入木三分

　　有一次，晉明帝要祭祀土地神，他讓書法家王羲之把祭文寫在木板上，再請人雕刻。雕刻者把木頭剔去一層又一層，發現王羲之的墨跡竟滲進了木板的深處！多麼剛勁有力的筆法啊！後來，人們就用「入木三分」形容人分析問題非常深刻。

呆若木雞

　　精雕細琢的木頭雞，不管雕刻得如何生動，也不可能真的活過來。中國人常用「呆若木雞」來形容人因恐懼或驚訝呆愣得像木頭雞一樣。

朽木不雕

　　中國人一直很喜歡木材，常將它雕刻成各種自己喜歡的東西。選擇什麼樣的木材來雕刻非常重要。堅硬的良木不易腐壞，經得起精雕細刻，朽木卻往往難堪重任，只能被丟棄。中國人用「朽木不雕」來形容一個人不求上進，不可造就。

無心插柳柳成蔭

　　柳樹的枝條擁有很強的再生能力，把枝條插入濕潤鬆軟的土中，能夠長成新的柳樹。於是就有了這樣一句俗語：「有心栽花花不開，無心插柳柳成蔭。」比喻有時花了很多的精力做事卻沒能如願，而有些事情往往在不經意之中有了好結果。

移花接木

　　將一些花木的枝條折斷後和另一種花木的主幹緊緊接在一起，枝條可以繼續生長。發現這個秘密以後，中國人不僅以此法嫁接花木，還用「移花接木」這個詞來比喻在事情進行的過程中，暗中使用手段更換人或事物。

了不起的木匠：魯班

一塊塊普通的木頭，如何變成人們需要的各種東西？讓我們到木匠的工坊裏，看看匠人們所擁有的「秘密武器」吧——鋸子、鑿子、墨斗、刨子……它們各有妙用，能將木料修整成需要的各種形狀。據說這些工具都是魯班發明的，魯班因此被尊稱為木匠們的祖師爺。

墨斗
墨斗是木匠用來做標記的工具。

刨子
用來把木料表面刨光滑的一種工具。

魯班
魯班這個名字，是古代人們智慧的象徵。

魯班鎖
一種傳統玩具，起源於中國古代建築中的榫卯結構，這種結構不用釘子和繩子，完全靠榫卯連接支撐，凝結着非凡的智慧。

斧子
用來劈砍木頭的工具。

魯班尺
由尺柄及尺翼組成，相互垂直成直角。木匠們用它來量直角和畫線。

短鋸
像一個「工」字，一側崩線，另一側有鋸條，適合一個人操作。

長鋸
長鋸的鋸條很長，需要兩個人來回推拉。

魯班是春秋時期的魯國人，本名叫作公輸班。傳說他不但創造了各種實用的木匠工具，發明了生活中使用的石磨、傘、滑輪等用具，製作了雲梯等厲害的攻城器械，還曾經用竹木製作成木鳥，木鳥可以在天上飛三天而不落地。事實上，很多被認為是魯班發明的東西，都是人們在歷史發展中的集體創造。魯班的故事，其實是祖先們發明創新的故事。

量木

鋸木

刨木

漆木

雲梯
雲梯是古代戰爭中用來攀越城牆的攻城器械，傳說它是魯班發明的。

了不起的棧道：金牛道

巴蜀之地是一片沃土，但被重重高山與深谷包圍，古時交通不便，豐富的物產運不出來。為了便於通行，古人想出了辦法，在陡峭的崖壁上鑿洞，插入木棒，以木柱為支撐，修成了木製的棧道。峭壁上的棧道是一條條「無中生有」的路，堪稱道路史上的奇蹟。

插木棒
陡峭的崖壁上，古人費盡力氣將結實的木棒插入開鑿的洞中，用來支撐棧道。

捶打木棒
古人使勁捶擊插入峭壁的木棒，讓木棒和岩洞緊密結合，這是一件辛苦又危險的工作。

木製棧道
在木棒上一個個木架連成一片，再鋪上一塊塊結實的木板，峭壁上的棧道就這樣建成了。

古蜀棧道的主幹線叫作「金牛道」，相傳是戰國時蜀王為了得到秦國的金牛，讓五個大力士開山建造的。這條道路的拓通，使得秦國的兵車和糧草得以進入封閉的蜀地，為秦國滅蜀國、統一天下奠定了基礎。千百年來，金牛道一直是連接巴蜀地區和中原的重要幹道，帶來了「秦川道，翠柏天，商旅兵家密如煙」的繁榮景象。

金牛道
金牛道穿越龍門山脈和秦嶺山脈，它極大地方便了古代巴蜀地區和中原的貿易往來與文化交流。

了不起的交通工具：車

車是我國古代重要的陸路交通工具，主要由木頭製成。中國是世界上較早發明車和使用車的國家之一。說到車，我們自然會想到車身上圓圓的不停向前滾動的車輪。直直的木頭如何變成圓圓的輪子呢？首先，要把木料弄濕變軟，然後用火烤加熱，同時施加外力彎折木料，木頭就會變成需要的形狀了。

車廂
隨着造車技術的發展，人們在車架上建造了車廂。車廂可以遮陽擋雨，還能遮擋坐車的人。

奚仲
夏朝時期的工匠。相傳他發明了兩輪馬車，被百姓奉為「車神」。

車架
車架像一塊平板，是車身的主體，用來支撐人和車廂。

改進車輪
早期的車輪是用整塊圓形木材做成的。傳說奚仲發明了帶輻條的輻式車輪。

輻式車輪
輻式車輪既節省了木材，又減輕了對地面的壓力，減少了摩擦，讓車輪滾動較快且不易斷裂。

用木頭造出車以後，人們讓馬和牛做「車夫」。最初，人們是站着乘車，後來車廂越造越大，就可以舒舒服服地坐在車廂裏了。古代車輪的種類非常多，有些車還是身分和地位的象徵。木頭造出的車，節約了人們的體力，把他們帶到更遠的地方，去看更美的風景。

輜車（輜，粵音知）
一種設有帷幔的車子。車廂兩側開窗，後方開門，車廂內可坐臥休息。在漢代時主要供婦女乘坐。

安車
一種乘客可在車廂裏坐着的古代馬車。高官告老還鄉或朝廷征召有威望的人，往往賜乘安車。

牛車
牛車在很早以前就有了，早期主要用來拉貨物。到魏晉時，士大夫們開始流行乘坐舒適的牛車。

鹿車
古代人力推動的小車，普通百姓用來運送物品。

車凳
高大的御輦需要用一個像木梯的車凳來幫助上下。

御輦
皇帝出遠門，會乘坐豪華的御輦。數匹駿馬拉動的巨大馬車，像一座會移動的豪華城堡。

了不起的漆器藝術

經過巧思與用心雕琢，木頭在能工巧匠的雙手中變為各式各樣的器具，以另一種實用又美觀的方式，延續着自身的生命。聰慧的中國人在木製品上雕刻各種漂亮又飽含寓意的圖案，並在上面塗上一層美麗的顏色。大約七千年前，漆器出現了。

彩繪漆奩（粵音簾）
奩是古代女子盛放脂粉的梳妝盒。這個漆奩側面繪製了一整圈漆畫，表現了貴族乘車出行的場景，很是生動。

彩繪雲紋長柄勺
細長的勺柄上繪製了雲紋。

彩繪鴛鴦豆
豆是用以盛放穀物或調味品的盛器。這個漆豆整體造型就像一隻酣睡的鴛鴦。

雙耳長盒
這是一隻可以盛放東西的盒子，有兩隻耳。

彩繪幾何紋單耳豆形杯
杯外有一隻耳和一個鋬，杯身塗滿了黑漆，並用紅漆繪上紋樣。

彩繪風紋帶流杯
整個杯子都是用木頭製作的，造型像一隻鳳鳥。

古代中國人製作漆器的生漆是從漆樹上割取的。中國人很早就掌握了把漆調成各種顏色的技術。早期的漆器以黑和紅為主色調。器物塗上漆之後，不僅變得美麗多彩，還因為多了一層「盔甲」，更加耐潮、耐高溫、耐腐蝕，使用和保存的時間也更長久。精美的古代漆器，歌唱着永不褪色的文明華章。

彩繪木雕小座屏
這個長方形座屏以黑漆為底，上部施了朱紅、灰綠等顏色。雕刻了鳳、鳥、小鹿、蛇等動物，互相盤繞，姿態優美。

彩漆鴛鴦盒
整個木盒像一隻可愛的鴛鴦，頭與身用木頭分別雕成，頸、胸以榫卯連接，頸可自由轉動。腹內中空，可盛放東西。

彩繪雙鳳紋耳杯
這隻木杯的雙耳就像新月，杯內漆了暗紅漆，杯底周圍用銀粉繪出首尾相連的雙鳳。

竊曲紋簋 (粵音鬼)
簋是古代用於盛放飯食的器皿，這隻簋外表塗了黑漆，並用紅漆和黃漆繪製了多種紋飾。

了不起的**傳統樂器**

樂器能夠演奏出美妙的音樂，觸動人們的情感、帶來藝術的享受。中國有許多傳統樂器都是木竹製的，比如笛子、排簫、箜篌（粵音空猴）、琵琶、古琴、竽（粵音余）等。隨着時代變遷，一些古老的樂器漸漸在時光裏銷聲匿跡，但大部分傳統樂器依然流傳下來，被一代又一代中國人熱愛並傳承着。

笛子
竹子是製作笛子的最好材料，笛身鑽有小孔，通過向孔吹氣奏出清脆悅耳的聲音。

五弦琵琶
「琵」和「琶」原是兩種彈奏手法的名稱，琵是右手向前彈，琶是右手向後挑。

排簫
相傳黃帝曾命樂官用長短不一的竹管做出了一種叫「參差」的樂器，實際上就是排簫。

竹板
曲藝說唱有時需要用竹板拍打伴奏，竹板大多是用毛竹製成的。

中國人崇尚自然之聲，選取天然的竹子、木材，製作出各種形狀的樂器，又用不同的技巧，吹彈出美妙的天籟之音。演奏音樂不僅需要大量的練習，更需要對節奏和旋律的熟悉、對美和藝術的熱愛。下面這些樂器，你都認識嗎？

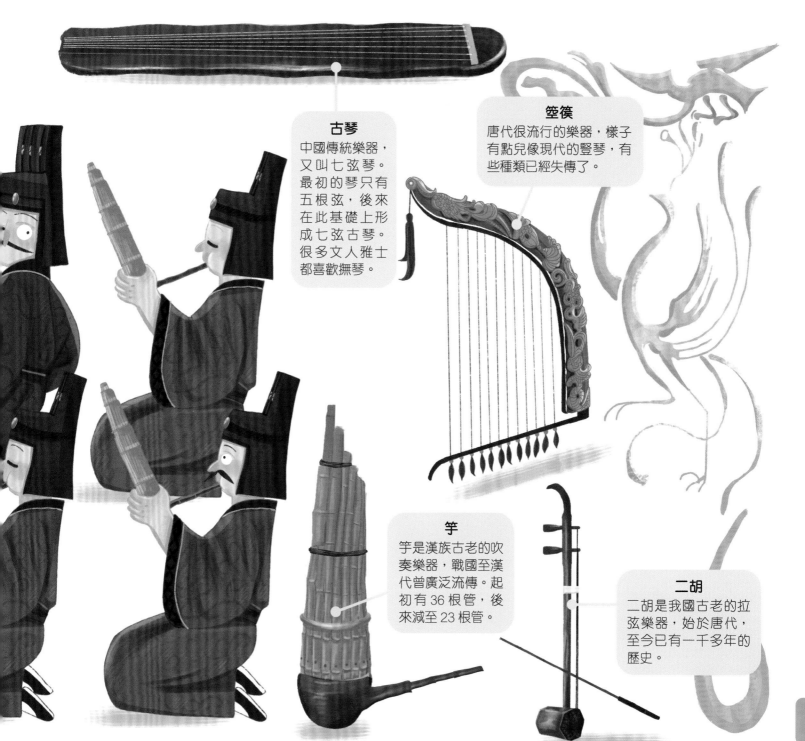

古琴
中國傳統樂器，又叫七弦琴。最初的琴只有五根弦，後來在此基礎上形成七弦古琴。很多文人雅士都喜歡撫琴。

箜篌
唐代很流行的樂器，樣子有點兒像現代的豎琴，有些種類已經失傳了。

竽
竽是漢族古老的吹奏樂器，戰國至漢代曾廣泛流傳。起初有 36 根管，後來減至 23 根管。

二胡
二胡是我國古老的拉弦樂器，始於唐代，至今已有一千多年的歷史。

了不起的農業工具：轆轤、秧馬和翻車

在古代，農業「靠天吃飯」。雨、雪可以使農作物獲得充足的灌溉，但是天氣偏偏又不受人控制，遇上特別乾旱的年份，農作物就會枯死。為了解決這個問題，人們發明了許多用於灌溉的工具。春秋時期，一種非常方便的木製提水工具開始被大量使用，它叫作轆轤（粵音碌盧），搖動它的手柄，就能方便地從井裏提水上來。

轆轤
流行於北方地區。由轆轤頭、支架、繩索等部分組成。

隨着農田範圍的不斷擴大和耕種技術的進步，人們用木頭做成了更為方便的工具——翻車。它又叫龍骨水車。你看，長長的翻車，像不像一條龍的龍骨？翻車是世界上出現最早、流傳最為久遠的農用水車。除了用於灌溉的農具，為了「偷懶」，北宋時期的人們還發明了秧馬。插秧和拔秧時坐在秧馬上，可以節省很多體力。

秧馬
舊時農具，流行於長江中下游的水稻產區。形狀像木馬，方便在稻田中滑行。

翻車
使用時用腳踩，大輪軸轉動，帶動槽內板葉刮水上行到地勢較高的農田中。

了不起的木材運輸

中國人對木材有一種特殊的偏愛，無論是建造房屋還是製作家具，都喜歡選擇木頭作為材料。但是成材的樹木往往生長於偏遠的深山老林之中，用斧頭和鋸等工具好不容易伐倒之後，在沒有先進運輸設備的古代，這些龐然大物是如何被順利地運到其他地方的呢？

滾木材
樹木被砍倒後滾到河裏順着河水漂流。一根木材從開採到運送至目的地，有時甚至要五六年的時間，多麼漫長的旅程啊。

漂流
巨大的木材在河裏漂了一路，抵達目的地的時候，由於長時間浸泡，木材本身所含的樹膠已經被沖洗掉了，一舉兩得。

過去的人們利用木頭的特性，採用了一個好辦法——漂流。你看，一批批被砍下的木材，正經歷着漫長的旅程——先是被滾到水裏，然後經小溪漂向大的江河，最終漂到目的地。中國人對木料的選擇也很講究，有的木材粗壯結實，適合建造房屋；有的木料紋理細密、顏色好看，就用來製作家具。

落葉松
沉重堅實，抗壓抗彎曲，耐腐蝕，是建造房屋時常使用的木料。

金絲楠
楠木中最好的一種木料，有着耀眼的金色，以前是皇家專用木材，因其數量稀少，顯得格外珍貴。

黃花梨
這種木料除了顏色好看，還有宜人的香氣，並且隨着時間的變化，木料顏色和香氣會越發迷人。

放排
人們用藤條、繩索將木材捆紮在一起，像竹排一樣在水中漂流運輸。

了不起的寺廟建築與木雕佛像

中國有很多歷史悠久的寺廟，它們的建築大多是木製的。一根根粗壯的木柱，穩穩地支撐着樑棟，榫卯將它們緊緊嵌合，整座建築結實又漂亮。一些古老的寺廟歷經千年風霜，也曾遭遇過火患險情。經由一代又一代人不斷維護和精心修繕，它們才能在今天和我們安然相遇。

寺廟
中國有很多著名的佛教聖地，許多寺廟建築都是藝術的瑰寶。

柱
在中國建築中，直直的柱子「肩負重任」，負責承托樑架和屋檐等部分的重量。

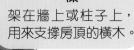

樑
架在牆上或柱子上，用來支撐房頂的橫木。

棟
屋子正中最高處的橫木。

一些寺廟中供奉着精美的木雕佛像，木雕佛像是隨着佛教傳入而發展起來的。從漢代開始，木雕佛像藝術已發展了兩千多年，形成了各種風格和流派。留存至今的木雕佛像，讓我們見識了古代工匠卓越的藝術才華，其中許多是珍貴的國寶。

刻刀
雕刻木頭的時候，需要用到不同的刻刀，有的刀口是平的，有的刀口是圓的，還有些刀口是三角形的。

敲錘
木匠在使用刻刀時，常用一把錘子進行敲打。

鋸子
鋸子上有尖銳的小齒，在木頭上來回拉動就可以將木頭鋸斷。

木銼
木銼上面有粗糙的紋路，可以將木頭打磨光滑。

木雕菩薩頭像
這個木雕菩薩頭像頭戴花冠，長眉細目，雕刻精美。

木雕羅漢像
這是一尊宋代的木雕像，雕刻的是一個光頭羅漢，羅漢長長的眉毛又粗又濃，眉角下垂，表情十分生動。

加彩木雕像
這是一尊元代的木雕像。上面最初繪有精美的彩繪，但在歲月的侵蝕下已經沒有當初那樣亮麗了。

了不起的皇家建築

隨着建造技術的不斷發展，更高大、更穩固、工藝更精良的木製建築漸漸多了起來。其中，最為奢華宏偉的當數歷朝歷代的皇家建築。經由匠人們精心地構思與施工，皇家建築從宮殿到壇廟，或金碧輝煌，或氣勢恢宏。今天的人們驚歎着這些建築的巧奪天工，欽佩着它們背後那萬千勞動者的聰明才智，感慨着歷史的風雲變幻。

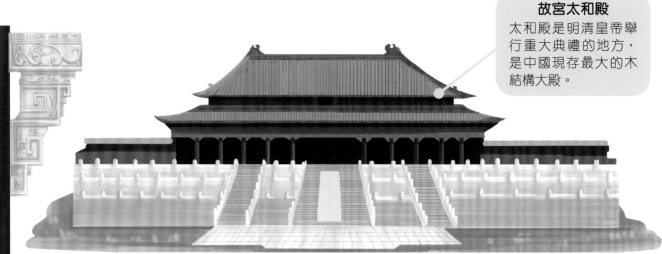

故宮太和殿
太和殿是明清皇帝舉行重大典禮的地方，是中國現存最大的木結構大殿。

彩畫
故宮宮殿屋檐下雕樑畫棟，繪製着各種美麗彩畫。

斗拱
這個複雜的結構叫斗拱，它就像一個托着建築的「彈簧墊」，把屋頂的重量過渡到柱子，從而起到防震的作用。斗拱還是身分的象徵，層數越多，代表房屋主人的身分越尊貴。

藻井
藻井位於殿堂正中央的最高處，除了起裝飾作用，還蘊含着人們希望以「井」剋火，避免火災的心願。

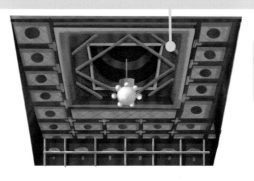

碧螺亭（房頂內壁）
位於故宮寧壽宮花園內，形似梅花，且亭上多以梅花紋裝飾。

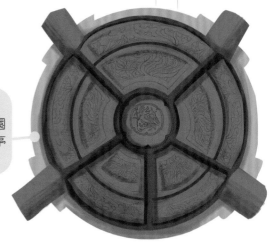

故宮是明清兩代的皇宮，是世界上現存規模最大的木製宮殿建築羣。故宮內殿宇宮室眾多，被稱為「殿宇之海」，其中最高最大的建築就是太和殿了。美麗的彩畫、複雜的藻井，將宮殿裝飾得富麗堂皇，不過撐起整座宮殿的，卻是那最基礎、最樸素的木頭框架。

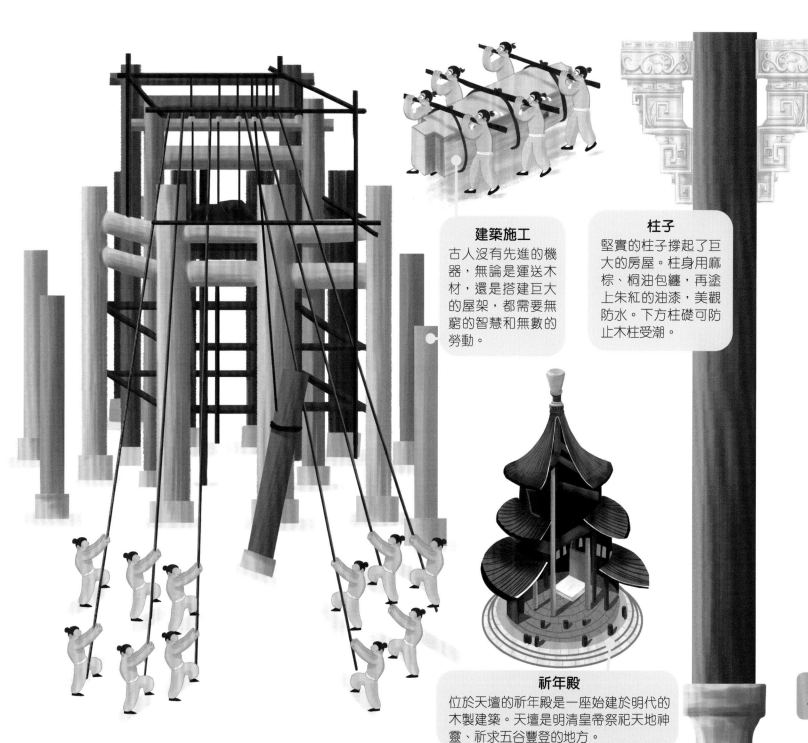

建築施工
古人沒有先進的機器，無論是運送木材，還是搭建巨大的屋架，都需要無窮的智慧和無數的勞動。

柱子
堅實的柱子撐起了巨大的房屋。柱身用麻棕、桐油包纏，再塗上朱紅的油漆，美觀防水。下方柱礎可防止木柱受潮。

祈年殿
位於天壇的祈年殿是一座始建於明代的木製建築。天壇是明清皇帝祭祀天地神靈、祈求五谷豐登的地方。

了不起的北方民居

中國北方的地形多高原、平原、地域遼闊。北方人民的性情豪爽率直。地理特點與民俗風情相結合，形成了獨具特色的北方民居。北方人民用結實的木材修建以四合院為代表的傳統院落。其中一些豪門大戶的深宅大院，整體結構規整、富麗堂皇，細節處精雕細刻、設計精巧。

喬家大院
喬家大院是一座具有北方傳統民居風格的古宅，有六個大院子，裏面有很多木製建築和木雕，非常壯觀。

位於山西省祁縣的喬家大院是北方民居的傑出代表，它的魅力不僅在於它壯觀的外形，更在於那些考究的細微之處。比如大院內隨處可見的木雕，各種不同的形象，都是豐富的寓意。三星高照、葡萄百子、鴛鴦花卉等美麗圖案，抒發着人們對幸福美好、富裕吉祥的嚮往之情。

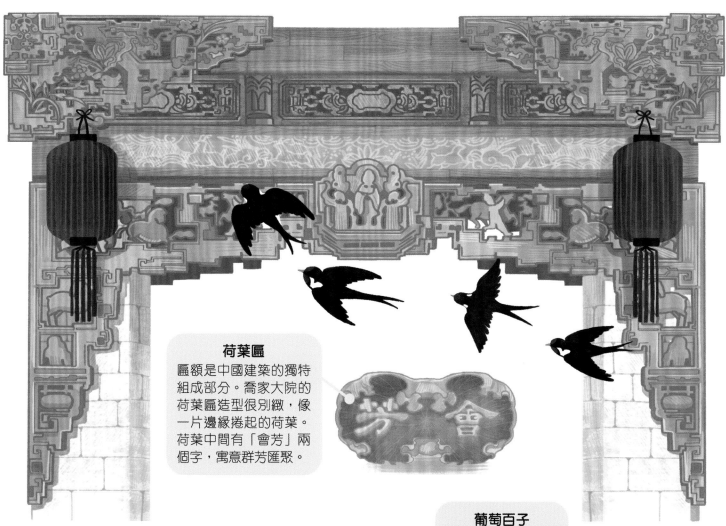

荷葉匾
匾額是中國建築的獨特組成部分。喬家大院的荷葉匾造型很別緻，像一片邊緣捲起的荷葉。荷葉中間有「會芳」兩個字，寓意群芳匯聚。

葡萄百子
門樓上雕刻着一串串葡萄，多籽的葡萄在中國人眼中有「多子多福」的寓意。

垂花柱
中國傳統木製建築的結構之一，半懸在空中，底部雕刻各種花型。你看，這根垂花柱像不像一盞懸掛的宮燈？

三星高照
三星高照細細雕刻了福星、祿星、壽星三位神仙，他們分別象徵幸福、富裕和長壽。

了不起的南方民居

中國南方地區江河溪流縱橫交錯，氣候濕潤溫暖，民居獨具特色。江南地區的高官富商在歷史上留下了許多私家園林。秀美雅致的園林中栽種着各種花草樹木，一步一景，行人如行走於詩畫之中。小巧的園林最大限度地呈現出生機勃勃的自然情趣，體現出中國人追求人與自然和諧相處的生活態度。

蘇州園林
拙政園、留園、獅子林和滄浪亭，合稱「蘇州四大園林」，它們宅園合一，既可以居住也可以欣賞與遊玩。

蘇州園林是江南園林的傑出代表，各處園林中亭台樓閣、遊廊巷道數不勝數，且大多都是木製的，它們靈活多變地搭配在一起，優美景致聞名中外。蘇州園林不僅是一處處居所，更是一幅幅人與自然的和諧畫卷，是中國建築史上璀璨耀眼的明珠。

亭
園林裏有很多精緻的小亭子，有頂無牆，多用竹、木、石等材料建成，可供人們駐足休息。

閣
中國傳統建築物的一種，多建在高處，以方便觀賞風景。

樓
園林建築中的樓多為 2 層或 3 層，可供人居住。

廊
曲折的遊廊將亭、閣等建築巧妙連接在一起，可以遮風避雨，也讓園林更具曲折幽深的美感。

了不起的**中式家具**

家具是人們日常生活必不可少的組成部分，中國歷史上不同時期的木製家具各具風格。明代工匠使用花梨木、紫檀木等堅硬木料，製作的家具造型優美、設計典雅。這類帶有明代至清代前期風格的家具統稱為「明式家具」。木材天生的色澤和紋理之美被明式家具發揮到了極致。

書房
書房又叫書齋，是讀書、寫字的地方，書房中家具的布置講求風雅。

花梨木翹頭案
案是一種長方形、底下有足的家具，可以用來寫字、畫畫或放裝飾品。翹頭案的兩端裝有翹起的飛角。

黃花梨交椅
交椅可以折疊，適合野外郊遊、圍獵時使用。這把黃花梨交椅色澤光滑溫潤，讓人很想坐上去感受一下。

黃花梨方櫃
這種櫃門鏤空的櫃子用來盛放食物，又叫「氣死貓」。

到了清代中期，社會經濟更加繁榮，家具風格也有了很大的變化。工匠在家具的造型和雕飾上竭力顯示貴氣，技藝繁複，雕飾絢麗。和明式家具的清新典雅不同，清式家具追求的是華麗富貴。它們是中國家具史上又一耀眼的存在。

中堂
位於院落的正中，通常用來會客。中堂會有中堂畫，布局左右對稱，通常會擺放條案、太師椅、花架等家具。

黃花梨高扶手椅
這把黃花梨木椅整體線條流暢，高高的扶手方便人們搭放胳膊。

花架
這個花架有 4 隻高高的足，用來放置花盆。

纏枝花卉圓桌
這張圓桌非常精巧，桌身上有許多花卉雕飾。

三彎腿方凳
三彎腿是指凳腳呈 S 形彎曲，形成了 3 道彎。

了不起的十里紅妝

在過去，民間家庭中的很多家具和用品都是用木材製作的，家的味道中飄揚着木頭的自然清香。在結婚時，新娘往往會帶着家人準備的豐厚嫁妝出嫁。各式各樣的陪嫁物品中，總少不了各種木製家具和木器的身影。

雕花牀
工藝精湛的雕花讓牀變成了一件精美的藝術品。雕花牀上面的各種圖案代表各種吉祥的寓意。

紅櫥
明清時期的朱漆大櫃，是婚房裏置放衣物的家具。

妝奩
妝奩是古代女子梳妝打扮時用的木製鏡匣，就像現代人用的化妝盒一樣。

抬嫁妝
送親隊伍中，人們用杠子抬着各種嫁妝，有的嫁妝箱上還雕刻着寓意喜慶吉祥的圖案。

木製的嫁妝都有哪些呢？古時候，大戶人家嫁女兒要準備的嫁妝可謂陣容龐大——牀、桌、箱、盒等無所不包。在江浙一帶，哪怕是普通人家的女孩出嫁，也要精心準備架子牀、組合櫃、八仙桌等家具。新娘帶着這些寄托着家人祝福的嫁妝，在新的家庭開始新的生活。

木刻鴛鴦
古人認為鴛鴦鳥出雙入對，非常恩愛。因此，新人的雕花牀上常會雕刻一對鴛鴦，寓意新人恩愛和美。

樟木箱
用香樟木做的箱子，可以存放衣物。香樟木有特殊的天然香氣，能夠防蟲、防蛀、防潮。

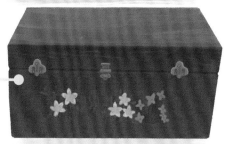

子孫桶
紅漆的馬桶，新娘陪嫁物之一，流行於江浙地區。陪嫁時，嶄新的桶中通常還會放些花生、紅雞蛋、紅棗等。

盆架
盆架也是陪嫁之物，用來放置洗臉盆，上面可以掛擦臉的面巾。

了不起的造船術：鄭和下西洋

中國人眷戀土地，但對大海同樣充滿向往。明代永樂年間，一支規模龐大的艦隊從江蘇劉家港啟航，駛向了浩瀚的大洋。這支艦隊，就是偉大的鄭和船隊。鄭和船隊由200多艘不同用途的木製海船組成。據史料記載，最大那艘船的甲板面積幾乎相當於一個足球場。鄭和船隊是當時世界上最龐大的遠洋艦隊。

水密艙
大船一旦撞上海底暗礁，船艙漏水，就有可能沉沒。於是人們設計建造了水密艙，用隔板把船艙分成互不相通的小艙，就像一個個密封的小盒子。即使一個小艙漏了水也不會流到其他艙裏，從而降低了沉船的風險。

絞關木
還記得之前我們說的轆轤（見本書 p.22）嗎？當它出現在船上，人們把它稱為「絞關木」。不過這次它可不是用來提水了，而是用來控制船帆的升降。

船舵
船是怎麼改變方向的？這就要靠它的「尾巴」——船舵了！船舵往左擺，船就向右走；船舵往右擺，船就向左走。船舵最早是由中國人發明的。

鄭和船隊曾先後7次出海遠航，拜訪了30多個國家和地區，最遠到達了非洲。船隊與沿途各地人民和平相處，促進了中外經濟文化交流。鄭和下西洋是中國古代規模最大的海上遠航，也是15世紀以前世界上規模最大的海上探險行動，是一段由勇氣與智慧譜寫的海上傳奇。

鄭和

鄭和是明代的航海家和外交家，曾7次帶領船隊出海遠航。

寶船

寶船是鄭和船隊中最大的海船，是船隊的主體。但也有另一種說法，認為寶船是鄭和船隊所有海船的總稱。

鳥船

頭窄身寬，船首形似鳥嘴。鳥船行駛靈活，船行水上，恰如飛鳥掠過。

沙船

沙船的結構比較獨特，方頭方尾，船底平平的，不怕擱淺。

廣船

廣船的船頭很尖，船體下窄上寬，吃水較深，利於乘風破浪。

了不起的造紙術：蔡倫造紙

不會說話的植物，被中國人用靈巧的雙手變為各種紙張。造紙術，是中國古代「四大發明」之一。在紙出現以前，人們把字寫在竹片或者絲綢上。絲綢很貴，竹簡又太笨重，都不利於知識的傳播。後來，人們又用蠶絲做成絲紙，但同樣存在價格貴、產量少的問題。

蔡倫
偉大的發明家，造紙術的改進者，他做出的紙被人們稱為「蔡侯紙」。

早期造紙原料
早期，人們利用樹皮和破麻布等材料造紙，但是造出的紙不平整，不適合寫字。

舊麻繩　　　　樹皮　　　　　破麻布

造紙原料增多
蔡倫改進造紙術後，隨着造紙術的不斷進步，造紙的原料也日漸豐富。

木芙蓉

青藤　　　　　　　　黃瑞香

桑樹

楮樹（楮，粵音處）

東漢時有個叫蔡倫的人，他總結了前人造紙的經驗，以樹皮、麻頭、破布等原料來造紙，做出來的紙又便宜又好用。之後，經過蔡倫改良的造紙術逐漸流傳開來。造紙術是我們的祖先智慧的結晶。造紙術的發明，推動了中國乃至全世界文明的進程。

1 洗料
將造紙原料用水清洗乾淨，去除原料上的污泥、粗砂等。

4 蒸煮
把原料放在草木灰水裏蒸煮脫膠，除去雜質，並分散成纖維狀。

2 切料
將洗淨的原料切碎備用。

5 搗料
搗已經蒸煮好的原料，將原料搗成漿狀。

3 燒製草木灰
草木灰呈鹼性，能使原料在蒸煮時更易於脫膠、也便於之後的舂搗。

6 打槽
把搗好的原料放入長方形的水槽中，加入清水，不斷攪拌，製成紙漿。

8 曬紙，揭紙
曬乾紙漿後，把紙從紙簾上揭下來。

7 抄造
這道工序最講求技巧。把紙簾放入紙漿槽中，撈出一層薄薄的紙漿，要求厚度均勻。

了不起的古代簡牘與書籍

璀璨的中華文明擁有悠久的歷史，這一偉大的文明之所以能延續至今，離不開草木的幫助。文字是記錄與創造文明的重要工具。很久以前，祖先們將文字刻或寫在木板、竹片上，這些用來書寫的竹片、木板被稱作簡牘（粵音獨），簡牘被繩子或皮條連在一起編成冊，便能記錄更多的內容。中華文明很早就開始借助簡牘來記錄、傳承，直到今天我們還能看到古人留下的部分簡牘。

竹簡

竹簡由竹片製成，細長的竹片刮去青皮、去除水分後，用來書寫文字。

繩索

編紮竹簡的繩索、絲帶和皮條等，被稱為「編」。

編簡

在竹簡兩端鑽眼，將繩索穿過洞眼，把竹簡按順序編成冊。

雲夢秦簡

出生於湖北省雲夢縣，寫於戰國晚期至秦始皇時期，作者是一位名叫「喜」的官吏。

居延漢簡

出土於內蒙古與甘肅的居延故地，記錄了從西漢中期到東漢初年的大量歷史資料。

沉重的簡牘

在紙張被大量使用以前，簡牘是記錄文字的主要工具。皇帝需要看的簡牘太多，有時重到需由兩個大力士才能抬進去。

紙張出現後，書寫變得更加方便，到了唐代，雕版印刷術也出現了。中國人無窮的智慧被記錄在紙上，裝訂成冊，傳於後世。每逢盛世，統治者還會組織編訂大型的叢書。浩如煙海的書冊散發着來自草木的清香，傳承着中華文明的血脈。

《永樂大典》
成書於明代永樂年間，匯集圖書七八千種。

《天工開物》
明代科學家宋應星編寫的一部科學著作，記載了中國古代的農業、手工業等各種生產技術。

藏書閣
古代專門用於藏書的地方，裏面擺放着豐富而又珍貴的典籍。

編纂《四庫全書》
乾隆皇帝命人編寫的《四庫全書》是中國歷史上規模最大的叢書，分經、史、子、集四部，故名「四庫」。

《資治通鑑》
北宋司馬光主編的一部史書，記錄了春秋到五代一千三百多年的歷史。

《四庫全書》 保存了中國歷代大量的珍貴文獻，內容幾乎包括了清代之前所有傳世的經典著作。

了不起的紡織術：桑與絲

中國是世界上最早種植桑樹、養蠶取絲的國家，也是最早紡織出絲綢的國家。桑樹在中國古代生活中佔有重要地位，古人甚至把故鄉稱為「桑梓」。傳說中，黃帝的妻子嫘（粵音雷）首創了植桑養蠶之術，她因此被後人尊稱為「嫘祖」、「先蠶娘娘」。

採桑圖
種桑養蠶是古代農民重要的日常工作。採桑是古代墳墓畫像磚上常見的內容。

蠶
蠶原產於中國，在吐絲以前，蠶要經歷多個生長階段。

繅絲（繅，粵音蘇）
從蠶繭抽出蠶絲的工藝叫作繅絲。古時候，人們把蠶繭浸在熱水中，用手抽絲，捲繞於絲筐上。

蠶繭
蠶繭是蠶吐絲結成的繭，除了用來繅絲，還可以入藥。

沙沙沙，蠶兒大口啃食嫩綠的桑葉，吐出細長的絲線。潔白的蠶絲被各種天然染料染成好看的顏色，再被細心排放在木製織機上。梭子一來一回間，美麗的綾羅綢緞被紡織出來。中國絲綢遠銷海外各國，備受追捧，為中國帶來了「絲國」的美譽。

古代絲織衣物
輕薄飄逸又美麗的絲綢，在歷史上留下了動人的傳說。據說一位外國商人曾透過一位官員的五層絲織衣物，看到他胸前的一顆黑痣。

蠶絲線

梭子
織布用的工具，兩頭尖中間粗，在織機上來回穿梭，牽引絲線。

漢代提花織機
漢代的人們使用木製提花機織出花紋複雜的絲織物。據說當時織一匹絲綢要耗費近 60 天，慢工出細活啊。

了不起的紡織術：麻和棉

「開軒面場圃，把酒話桑麻」，除了用蠶絲織絲綢，中國人還用麻來織麻布。麻類植物有很多種，它們的纖維既可以用來織布，也可以用來製作繩索和麻袋。用麻布製成的衣裳結實耐穿，透氣性也好，夏天穿起來很涼快。直到今天，人們還用麻來製作衣物呢。

曬麻
從水中撈出的麻纖維要在太陽下曬乾，去除水分。

漚麻
將收割的麻稈或剝下來的麻皮浸泡於水中，泡爛後獲得麻纖維。

苧麻

亞麻

黃麻

麻草鞋
用麻編織的鞋子，過去的普通百姓常穿這種鞋。

麻繩
用麻編織的繩子，結實、耐磨。

麻紙
麻是製作麻紙的重要材料。好的麻紙經久耐用。

麻繩網
古人用麻繩編成網來捆紮易碎的瓷器。

麻袋
人們用麻編成麻袋來裝東西。

冬天來臨，寒風刺骨，人們穿什麼來保暖？曾經，人們將繅絲的下腳料或木棉塞進衣服裏御寒。到了明代，人們開始廣泛種植棉花。棉桃裏吐出的潔白棉絮，加工以後可以填充在衣物和被褥中保暖御寒。把棉絮搓成長條，用紡車紡成棉紗線，還可以織棉布。棉布柔和貼身，透氣又暖和。你家裏有用棉布做的衣服嗎？

棉衣、棉鞋
人們把棉絮塞在衣服和鞋裏，製成棉衣、棉鞋。軟軟的棉花真暖和！

棉桃
你看，白白的棉絮就藏在一顆顆飽滿的棉桃裏。

摘棉
採摘的棉絮裏含有棉籽，需要去籽後才能用。

彈棉花
彈棉花不僅能夠使棉絮變得鬆軟，還可以去除其中的雜質，使棉絮變得潔白乾淨。

軋棉（軋，粵音紮）
人們用軋車把棉花軋得鬆軟，除去棉籽。

了不起的竹子

比很多大樹長得還要高的竹子，其實是一種草。竹子叢生的地方，就是竹林。夏天，竹子在風中搖曳，發出簌簌聲響。冬日，密密的竹子擋住了呼嘯的寒風，極具韌性的它們即使被吹彎了也不會折斷。竹子剛冒出頭時叫筍，嫩嫩的竹筍是舌尖上的一道美味。

挖竹筍
竹林裏剛冒出頭的竹筍，能做成可口的菜肴。

「可使食無肉，不可居無竹」，中國人特別喜歡竹子，也特別善於利用竹子。便宜結實、易於加工的竹子，是中國人常用的一種天然建築材料。人們用粗大的竹子建造房子和橋樑，直到現在，很多地方還能看到漂亮結實的竹屋和竹橋。把竹子劈成細細的竹篾，可以用來編織各種竹器。

竹屋
南方多竹林，人們砍竹造屋，建造出精緻又實用的住所。

竹橋
南方的很多地方都有竹子搭建的橋樑，人們往來穿梭於竹橋之上。

竹編織
竹篾可用於編織竹筐、竹籃、竹籠等物品。

竹屜

竹傘
用竹子紮出傘骨架，再蒙上一層紙，刷上桐油，就是一把可以用來遮雨的竹傘。

竹夫人
竹夫人是古人在夏天休息時降溫消暑的用具。

竹籠
用竹子編織的鳥籠，結實耐用又精美。

竹牀
夏天躺在竹牀上非常涼爽。

了不起的中草藥：李時珍與《本草綱目》

廣闊的大地上，生長着各種草木。中國人在漫長的歲月中發現，有些植物雖然不起眼，卻可以用來治病，於是把那些可以治病的植物叫作草藥。相傳，上古時的神農氏為了袪除人們的病痛，嘗遍了百草。歷史上，一代代醫生致力於研究和試驗各種草藥，以便找到更多用來治病的良藥。

草藥

山楂

麥冬

蓮蓬

菊花

益母草

枇杷

桔梗

鴨跖草

本草綱目

《本草綱目》
成書於明代萬曆年間，是一部非常珍貴的醫學巨著。

李時珍
明代著名醫藥學家，被後人尊稱為「藥聖」。

明代的名醫李時珍曾踏遍名山，遍尋各種草藥，親身試驗。經過幾十年不懈的努力，他編寫出藥學巨著《本草綱目》。這本書詳細記載了1,892種草藥的形狀和功用，直到今天仍是重要的醫學典籍。它是中國古代醫學史的瑰寶。

藥舖
藥舖裏各種各樣的藥材被分門別類地放在一個個小格子裏。

乾燥
新鮮的草藥不易儲存，往往都要經過乾燥處理，放在沒有陽光的地方陰乾或在太陽下曬乾。

切製和碾碎
大部分乾燥後的中草藥要切製或放在碾子裏碾碎，以便儲存和使用。

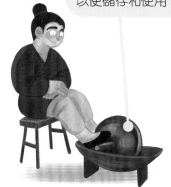

煎煮
草藥往往需要多種配合在一起治病。人們把配好的草藥放在水中煎煮成藥湯，給需要的人服用。

中華文明與世界・木之篇

造紙術

自東漢蔡倫改良造紙術後，中國的造紙技術不斷向前發展，同時不斷向外傳播。公元751年，唐朝與大食發生了一場戰爭，部分士兵被俘，其中就有會造紙術的工匠。據說，造紙術就這樣傳到了阿拉伯地區。到了19世紀後半葉，造紙術就成了它的世界傳播之旅。

園林藝術

和講究規整，對稱的西方古典主義園林藝術不同，中國園林藝術講求自然和韻味。18世紀，「中國風」曾風靡歐洲，中國園林的造景風格影響了西方。在此過程中，英國園林界逐漸形成了強調自然之美的英式園林風格。

奇異果

你喜歡吃奇異果嗎？新西蘭曾多次成為全世界最大的奇異果出口國，但奇異果的故鄉卻是在中國。1904年，一位名叫伊莎貝爾的新西蘭女教師到湖北宜昌看望她的妹妹，之後將奇異果的種子帶回了新西蘭。經過不斷地改良和育種，新西蘭人培養出了現在我們常吃「奇異果」品種。

絲綢之路

西漢時漢武帝派遣張騫出使西域，開闢了「絲綢之路」。「絲綢之路」是古代東西方世界之間最為重要的貿易和文化交流通道，它不僅有「陸上絲綢之路」，還有「海上絲綢之路」。華美的絲綢深受外國人的歡迎，通過「絲綢之路」，絲綢的生產工藝傳播到了全世界。

茶

茶，源於中國，流傳世界。在中國古代的對外貿易中，茶葉是與絲綢、瓷器同樣重要的出口產品，後來，種茶和製茶技術相繼傳到各國。現在世界上有60多個國家種植茶樹，許多國家和地區形成了獨具特色的飲茶文化。

在「絲綢之路」上流動的不光有財富，還有文化。在貿易交往中，各地商人帶着他們的音樂來到中原。一些西域的木製樂器，如箜篌、琵琶等，就這樣被引入並流傳下來。

香料

1973 年，在泉州附近海域，人們發現了一艘南宋的沉船，上面裝載了大量乳香、肉桂、丁香等來自阿拉伯地區的香料，香料是「海上絲綢之路」上重要的商品之一。

胡牀

胡牀是一種可以折疊的坐具，樣子很像現在的小摺凳，最初是從西域傳到中原的。漢魏以前，中國人喜歡席地而坐，胡牀傳入中國後演變成交椅，並在中國流行起來。

橡膠

橡膠樹原產於南美洲的亞馬孫河流域，割開它的樹皮，會流出白色的膠乳，這是重要的工業原料。1904 年，一位名叫刀安仁的雲南土司從新加坡購買了 800 株橡膠樹苗，把它們帶回中國，這是中國引種的第一批橡膠樹。

煙草

今天，我們隨處可見「吸煙有害健康」的標語。吸食後對人體有害的香煙是用煙草捲成的，煙草最早被美洲的印第安人發現，後來被西班牙人帶到了歐洲。在明代，煙草傳入中國。

了不起的現代林業

木材依然是我們今天生活中不可缺少的生產原料。與傳統林業相比，現代林業更加依靠科技的力量，先進的伐木設備被不斷發明出來。伐木工人使用現代化的工具，轟隆隆地伐倒樹木，將它們切割成整齊的木材，運送到需要的地方。

降噪耳機
伐木時噪聲非常大，工人帶着降噪耳機可以保護聽力。

伐木機
外觀看上去像挖掘機，機械臂上安裝着砍伐設備。

伐木工人
伐木工人拿着鋒利的電鋸，將樹木一棵棵伐倒。

木材
樹木被砍倒後整齊地堆放在一起，準備被運送到需要的地方。

現代林業重視生態和諧。自然草木和我們賴以生存的環境息息相關。樹木花草的根探入大地，抓緊土壤，防止泥土被大雨和流水沖走。繁茂的枝葉阻擋吹來的大風，防止風沙肆虐。今天的中國人傾注大量心血植樹造林，保護環境。在中國西北、華北和東北地區，三北防護林像一座綠色長城，防沙固土，守衞家園。

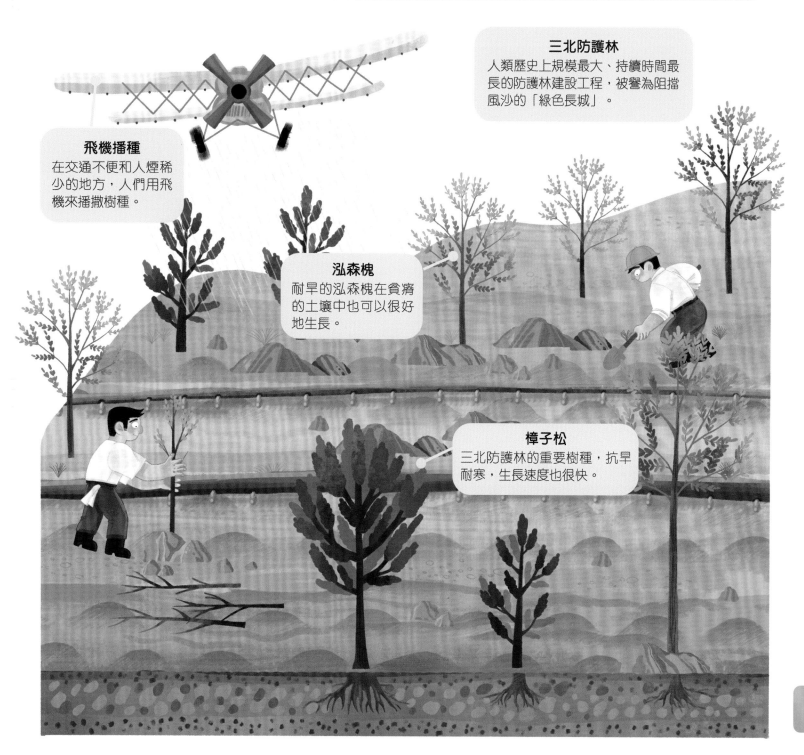

三北防護林
人類歷史上規模最大、持續時間最長的防護林建設工程，被譽為阻擋風沙的「綠色長城」。

飛機播種
在交通不便和人煙稀少的地方，人們用飛機來播撒樹種。

泓森槐
耐旱的泓森槐在貧瘠的土壤中也可以很好地生長。

樟子松
三北防護林的重要樹種，抗旱耐寒，生長速度也很快。

了不起的現代森林保護

中國大興安嶺擁有全國面積最大的原始森林，是國內重要的林業基地之一。以前，為了獲得優質木材，人們大量砍伐這裏的樹木。後來大家逐漸意識到，無止境的開發只會耗盡森林資源。從2015年起，大興安嶺全面禁伐，很多過去的伐木工如今已經變成植樹人和護林員。

誘蟲燈
誘蟲燈在夜晚發光，引誘和捕殺有害的昆蟲。

無人機
無人機在空中噴灑農藥，為森林除蟲除病。

護林員

益鳥
一些鳥兒是森林害蟲的天敵。養護人員會為它們提供住所，請這些「森林醫生」和人類攜手，一起保護森林。

赤眼蜂
赤眼蜂會將自己的卵產在松毛蟲等害蟲的卵裏，從而消滅害蟲。

護林員們日夜巡查，防止亂砍濫伐，同時還要防範來自大自然的火災和蟲災。火災會燒毀森林，森林病蟲害被稱為「無煙的火災」，能在悄無聲息間毀滅一大片珍貴的林木。為了保護大興安嶺的森林，人們使用了各種先進設備。在大家的用心守護下，大興安嶺正重返生機勃勃的模樣。

瞭望塔
瞭望員站在上面可以看到很遠的地方，隨時監測森林是否有火情發生。

監控鏡頭
林區內安裝了無線監控鏡頭，人們可以在監控室內觀測林區的環境是否安全。

滅火導彈車
火災發生時，滅火導彈車可以遠距離發射特製的滅火導彈，快速撲滅森林大火。

了不起的現代造紙業和橡膠業

中國古老的造紙術在現代科技的幫助下迎來新生。大型的自動化機械高速運轉，雪白的紙張嘩啦啦地從流水線上生產出來。但造紙業同時還帶來了砍伐森林和廢水廢氣等環保挑戰。隨着社會環保意識的增強，人們積極推廣「環保紙張」，並採用各種污染治理技術，保護我們生活的地球。

造紙廠
現代化的造紙廠裏，生產出的紙張被捲成大大的紙筒。

再生紙
再生紙是使用廢紙為原料製造的紙，推廣再生紙有利於減少對森林的砍伐。

紙箱
快遞用的紙箱是可以再利用的，記得盡量循環使用它們哦！

中國天然橡膠的進口量在全世界名列前茅。曾經，由於外國的封鎖，國內非常缺少橡膠。於是人們從海外帶回優質種苗，自己種橡膠樹。今天，在中國的海南、廣東、雲南等地分布着很多橡膠園。海南是國內最大的天然橡膠生產基地。

割膠機器人
具有自動導航功能的割膠機器人在橡膠林中割膠，它們將在未來解放採膠工人的雙手。

割膠
採膠工人割開橡膠樹的外皮，收集膠乳。

輪胎
橡膠是製造汽車輪胎的重要材料。

了不起的現代中醫藥：青蒿素

從古至今，人類與疾病的鬥爭從未停止。在與疾病的頑強抗爭中，我們的祖先發展出了博大精深、獨具特色的中醫體系。伴隨科技的發展，今天的中國人繼承了祖先的智慧，用各種新技術提取中藥中的有效成分，製成各種能夠治癒疾病的現代中成藥。

中藥廠
中藥廠使用各種設備提取中藥成分，製成藥丸、藥片、沖劑和膏藥等不同種類的中成藥。

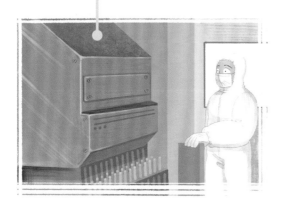

丁香羅勒油乳膏

止咳糖漿

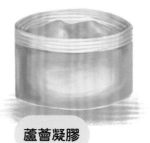

蘆薈凝膠

清涼油

中藥研究
中國的科學家和醫學工作者翻閱古書，結合最新科學技術，從古老的中醫藥中不斷取得新的發現。

魚腥草滴眼液

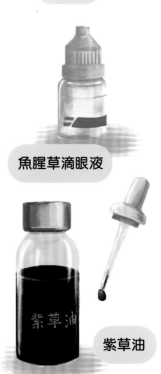

紫草油

瘧疾是一種曾在歷史上造成很多人死亡的疾病。中國人在傳統中草藥黃花蒿中找到了它的剋星——青蒿素。科學家從黃花蒿中提取青蒿素，製成抵抗瘧疾的藥物，效果非常顯著。2015年，中國科學家屠呦呦因為發現青蒿素獲得諾貝爾醫學獎。從遠古發展到今天的中醫藥，是中國人獻給全人類的禮物。

黃花蒿
黃花蒿中富含青蒿素，有趣的是，名叫「青蒿」的植物中反而不含青蒿素。

蚊蟲
瘧疾主要通過蚊蟲叮咬傳播。

種植黃花蒿
黃花蒿的需求量不斷提高，越來越多的中國人選擇種植黃花蒿。中國的科研人員還在不斷嘗試用雜交的方法改變黃花蒿的基因，期望可以提取更多的青蒿素，拯救更多人的生命。

木的小課堂

樹葉裏面有什麼

樹葉是由無數個植物細胞組成的，細胞裏有液泡，就像一個大水袋，可以儲存水。還有支撐、保護細胞的細胞壁和可進行光合作用的葉綠體。

液泡 ....

葉綠體 ....

細胞壁 ....

木材的浮力

除了一些高密度的特殊木材，多數木材比水輕，可以浮在水面上，人們利用木的這一特性來製造木船、浮橋。

木材的可燃性

大部分木材很容易被點燃，一直以來都是非常好的燃料。木製品和木製建築一定要注意防火。

木材的隔熱性

木材的導熱性較差。人們利用這一特性，用它製作杯墊、鍋及鍋鏟的握柄等，這樣就不會被燙着啦。

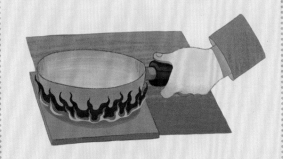

木材的絕緣性

絕緣，是指材料不善於傳導電流。乾燥的木材是沒有導電性的，所以有人觸電時，人們會使用乾燥的木棒或竹竿將電線小心地撥開，使觸電者脫離電源。

木的小趣聞

植物是能量轉化器

植物像一個能量轉化器,它的葉綠體能夠收集太陽光能,幫助植物在白天吸進二氧化碳,放出生物呼吸需要的氧氣。

植物「連體」

你知道嗎?自然生長的樹木,有時靠得太近了,在生長過程中就會發生擠壓,彼此磨破表皮,破損的地方就會長在一起,形成奇特的「連體」景觀。古人受此啟發,發明了嫁接技術。

植物也要呼吸

家裏用來養花的花盆底,都會有一個小洞,這是因為植物的根系也需要透氣呼吸。植物呼吸時把存儲的有機物分解用來幫助生長,就好像我們要消化食物才能生長一樣。

植物是抽水機

「大樹底下好乘涼」,這是為什麼呢?原來,除了茂密的枝葉可以遮住陽光,樹木還像是一台一直工作着的抽水機,不斷把土壤中的水分吸收進體內,再通過葉片把水分以水汽的形式擴散到空氣裏,從而降低了周圍的溫度。

水分擴散到空氣

水落入土壤

植物吸收土壤的水分

長壽的千年樹

你知道嗎?不同樹木的壽命是不同的。杏樹可以活100年以上,栗樹可以活300年以上,而松樹、杉樹、銀杏樹等,它們的壽命可達千年以上。

了不起的中國人

木——從採摘植物到建屋製藥

作　　者：狐狸家
責任編輯：張斐然
美術設計：張思婷
出　　版：新雅文化事業有限公司
　　　　　香港英皇道 499 號北角工業大廈 18 樓
　　　　　電話：(852) 2138 7998
　　　　　傳真：(852) 2597 4003
　　　　　網址：http://www.sunya.com.hk
　　　　　電郵：marketing@sunya.com.hk
發　　行：香港聯合書刊物流有限公司
　　　　　香港荃灣德士古道 220-248 號荃灣工業中心 16 樓
　　　　　電話：(852) 2150 2100
　　　　　傳真：(852) 2407 3062
　　　　　電郵：info@suplogistics.com.hk
印　　刷：中華商務彩色印刷有限公司
　　　　　香港新界大埔汀麗路 36 號
版　　次：二〇二二年一月初版
版權所有·不准翻印

ISBN:978-962-08-7910-4
Traditional Chinese Edition © 2022 Sun Ya Publications (HK) Ltd.
18/F, North Point Industrial Building, 499 King's Road, Hong Kong
Published in Hong Kong, China
Printed in China

本書繁體中文版由四川少年兒童出版社授權香港新雅文化事業有限公司於
香港、澳門及台灣地區獨家發行。